RECHERCHES
SUR LES RAILS

ET LEURS SUPPORTS,

PAR

E. LOGARD,

Chevalier de la Légion-d'Honneur, Ingénieur principal du chemin de fer
de Saint-Étienne à Lyon.

Atlas.

PARIS,

CARILIAN-GŒURY ET Vᵉ DALMONT,

Libraires des corps des Ponts et Chaussées et des Mines,

QUAI DES AUGUSTINS, 49

1853.

Lyon. — Imprimerie de B. BOURSY, grande rue Mercière, 66.

RECHERCHES
SUR LES RAILS

ET LEURS SUPPORTS,

PAR

E. LOCARD,

Chevalier de la Légion-d'Honneur, Ingénieur principal du chemin de fer de Saint-Étienne à Lyon.

Atlas.

PARIS,

CARILIAN-GŒURY ET Vᵉ DALMONT,

Libraires des corps des Ponts et Chaussées et des Mines,

QUAI DES AUGUSTINS, 48.

1843.

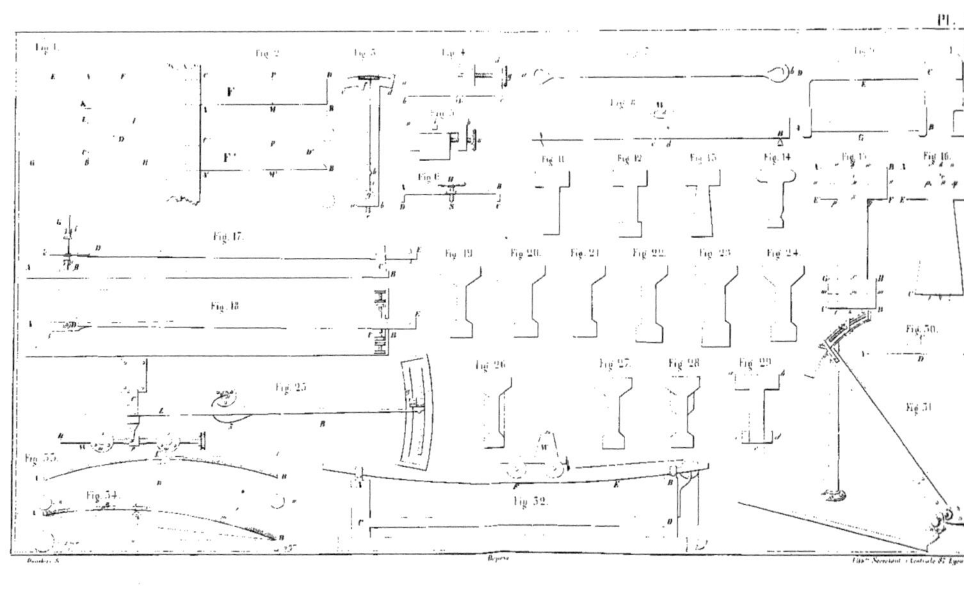
Pl.
Fig. 1.
Fig. 2.
Fig. 3.
Fig. 4.
Fig. 5.
Fig. 6.
Fig. 7.
Fig. 8.
Fig. 9.
Fig. 11.
Fig. 12.
Fig. 13.
Fig. 14.
Fig. 15.
Fig. 16.
Fig. 17.
Fig. 18.
Fig. 19.
Fig. 20.
Fig. 21.
Fig. 22.
Fig. 23.
Fig. 24.
Fig. 25.
Fig. 26.
Fig. 27.
Fig. 28.
Fig. 29.
Fig. 30.
Fig. 31.
Fig. 32.
Fig. 33.
Fig. 34.

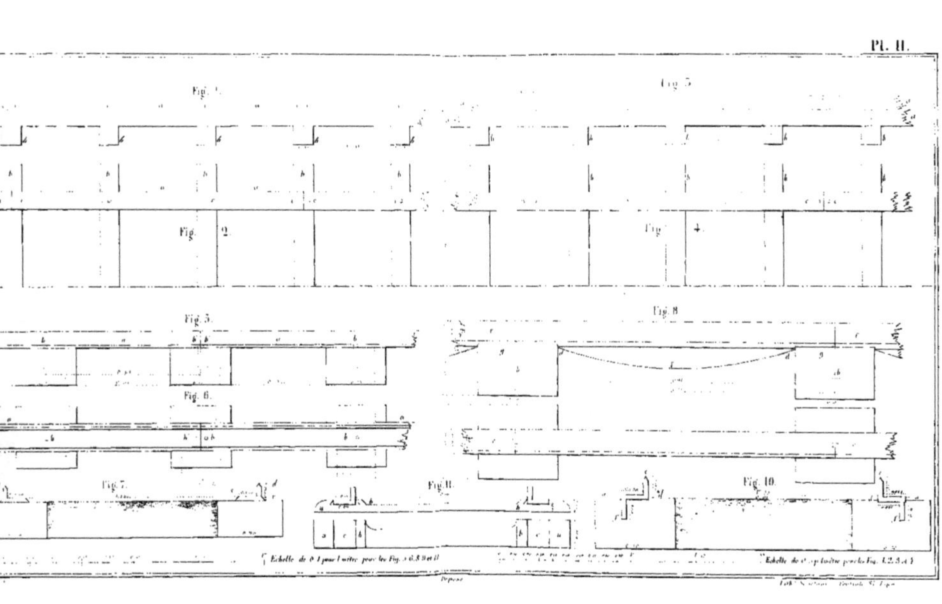

Fig. 1.
Fig. 3.
Fig. 2.
Fig. 4.
Fig. 5.
Fig. 8
Fig. 6.
Fig. 7.
Fig. 9.
Fig. 10.
Echelle de 0,1 pour 1 mètre pour les Fig. 5, 6, 7, 8, 9 et 10.
Echelle de 0,05 pour 1 mètre pour les Fig. 1, 2, 3 et 4.

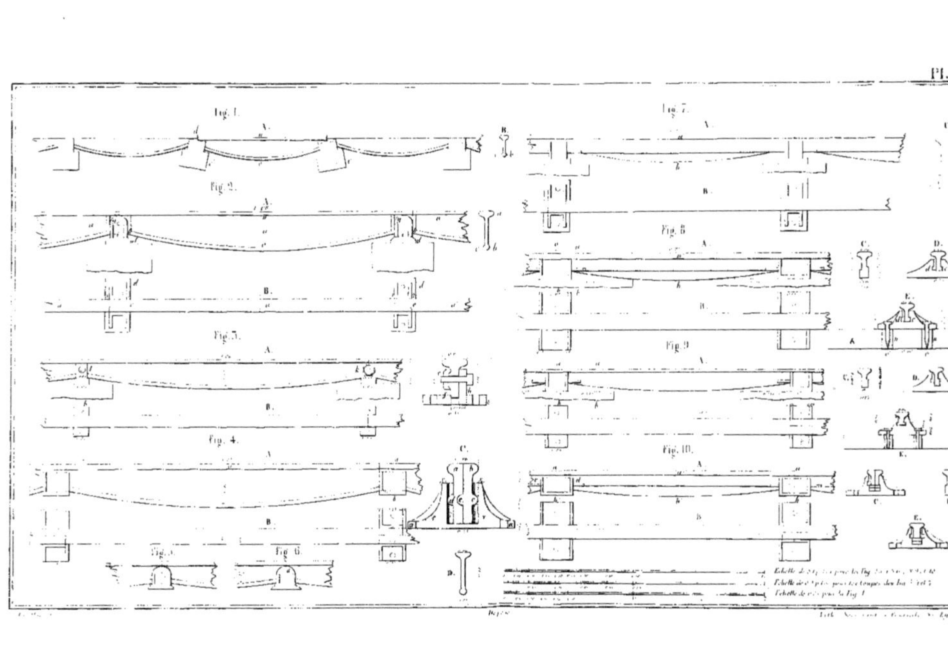
Fig. 1.
Fig. 2.
Fig. 3.
Fig. 4.
Fig. 5.
Fig. 6.
Fig. 7.
Fig. 8.
Fig. 9.
Fig. 10.
A.
B.
C.
D.
E.

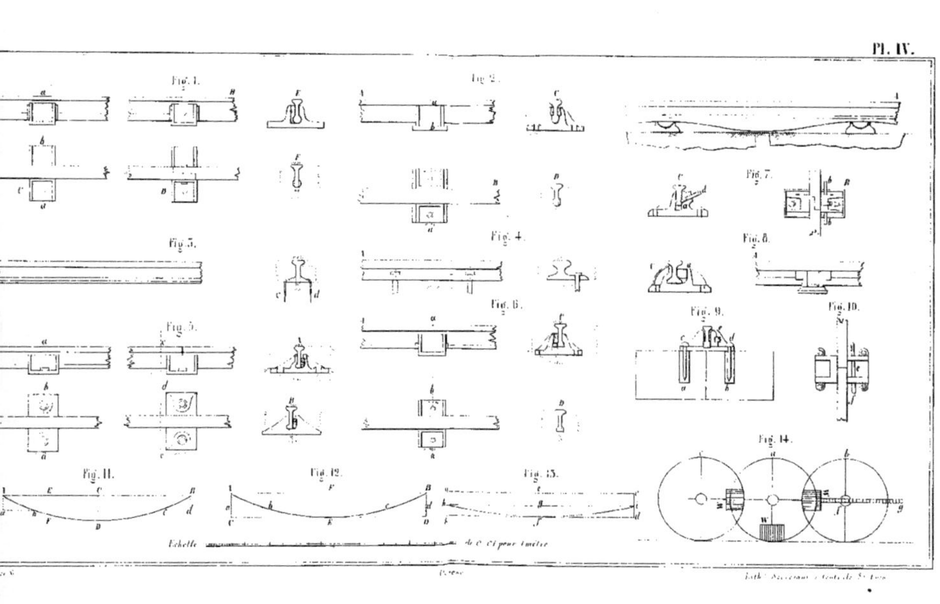

Fig. 1.
Fig. 2.
Fig. 3.
Fig. 4.
Fig. 5.
Fig. 6.
Fig. 7.
Fig. 8.
Fig. 9.
Fig. 10.
Fig. 11.
Fig. 12.
Fig. 13.
Fig. 14.
Echelle

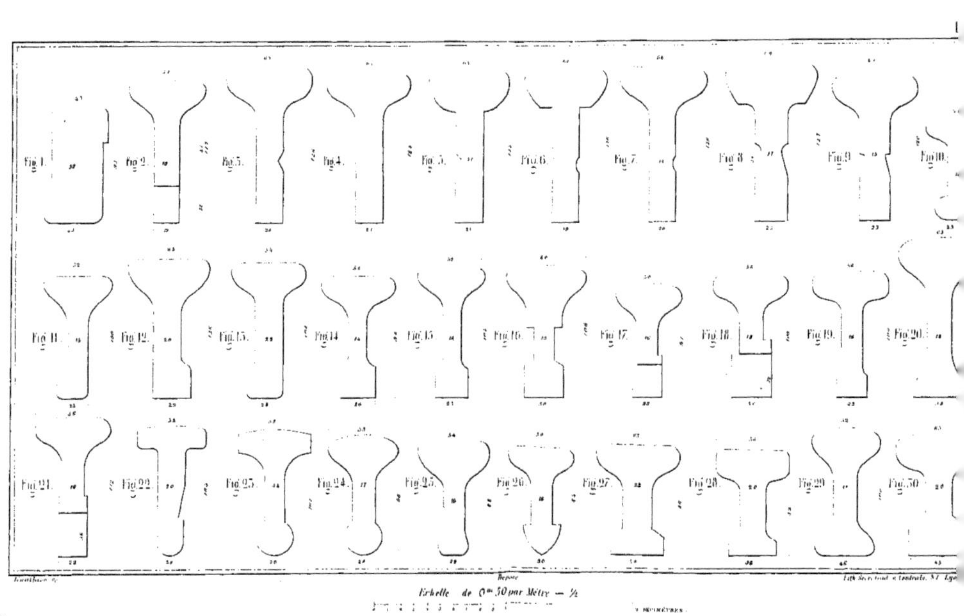

Fig. 1. Fig. 2. Fig. 3. Fig. 4. Fig. 5. Fig. 6. Fig. 7. Fig. 8. Fig. 9. Fig. 10.
Fig. 11. Fig. 12. Fig. 13. Fig. 14. Fig. 15. Fig. 16. Fig. 17. Fig. 18. Fig. 19. Fig. 20.
Fig. 21. Fig. 22. Fig. 23. Fig. 24. Fig. 25. Fig. 26. Fig. 27. Fig. 28. Fig. 29. Fig. 30.
Echelle de 0m 30 par Mètre = 1/2

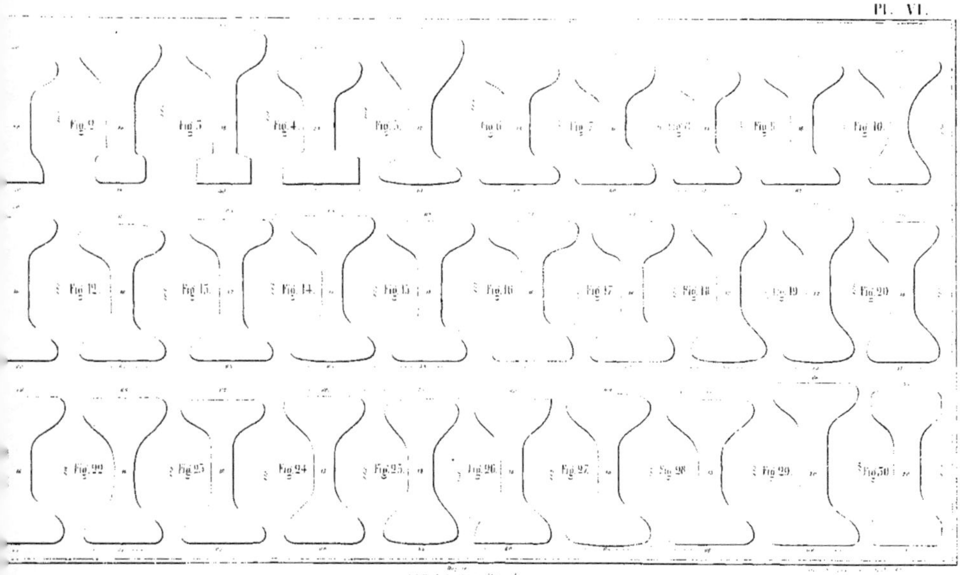

Fig. 2.
Fig. 3.
Fig. 4.
Fig. 5.
Fig. 6.
Fig. 7.
Fig. 8.
Fig. 9.
Fig. 10.
Fig. 12.
Fig. 13.
Fig. 14.
Fig. 15.
Fig. 16.
Fig. 17.
Fig. 18.
Fig. 19.
Fig. 20.
Fig. 22.
Fig. 23.
Fig. 24.
Fig. 25.
Fig. 26.
Fig. 27.
Fig. 28.
Fig. 29.
Fig. 30.
Echelle de 0.05 par mètre

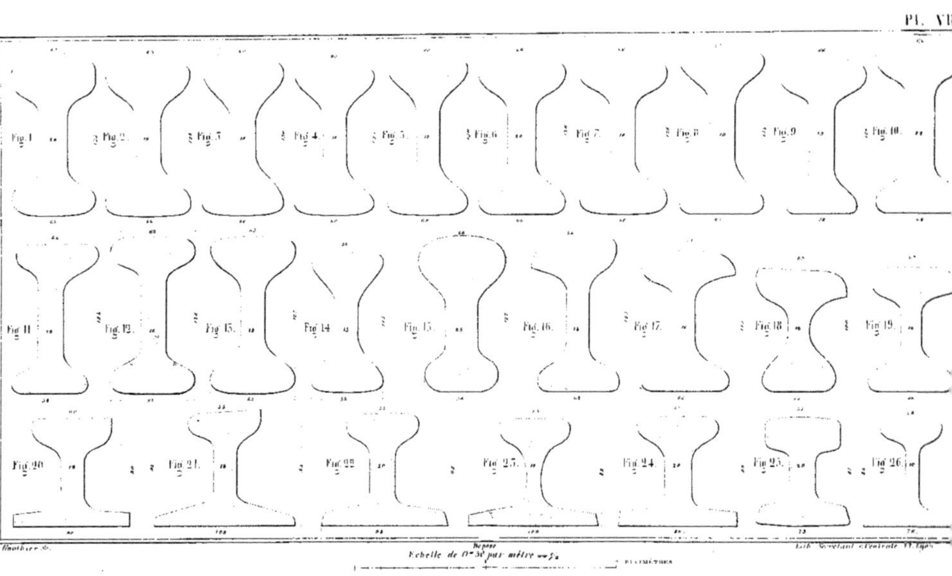
Pl. VII
Fig. 1. Fig. 2. Fig. 3. Fig. 4. Fig. 5. Fig. 6. Fig. 7. Fig. 8. Fig. 9. Fig. 10.
Fig. 11. Fig. 12. Fig. 13. Fig. 14. Fig. 15. Fig. 16. Fig. 17. Fig. 18. Fig. 19.
Fig. 20. Fig. 21. Fig. 22. Fig. 23. Fig. 24. Fig. 25. Fig. 26.
Echelle de 0m.30 par mètre
Lib. Nouvelant et Centrale, Pl. Lyon

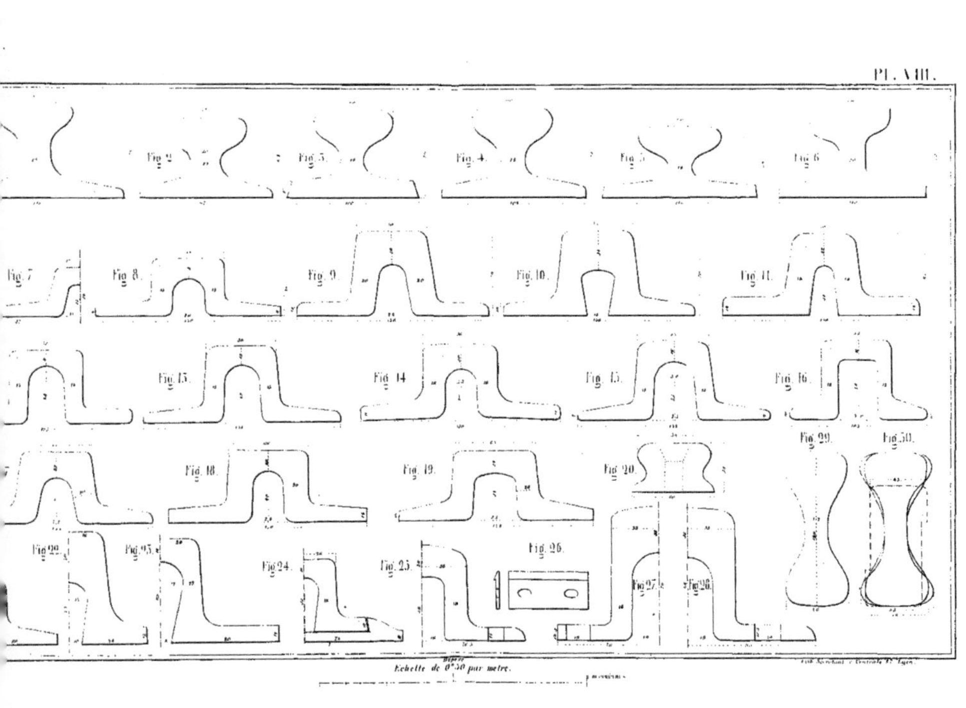

Fig. 2.
Fig. 3.
Fig. 4.
Fig. 5.
Fig. 6.
Fig. 7.
Fig. 8.
Fig. 9.
Fig. 10.
Fig. 11.
Fig. 12.
Fig. 13.
Fig. 14.
Fig. 15.
Fig. 16.
Fig. 17.
Fig. 18.
Fig. 19.
Fig. 20.
Fig. 29.
Fig. 30.
Fig. 22.
Fig. 23.
Fig. 24.
Fig. 25.
Fig. 26.
Fig. 27.
Fig. 28.
Échelle de 0.10 par mètre.

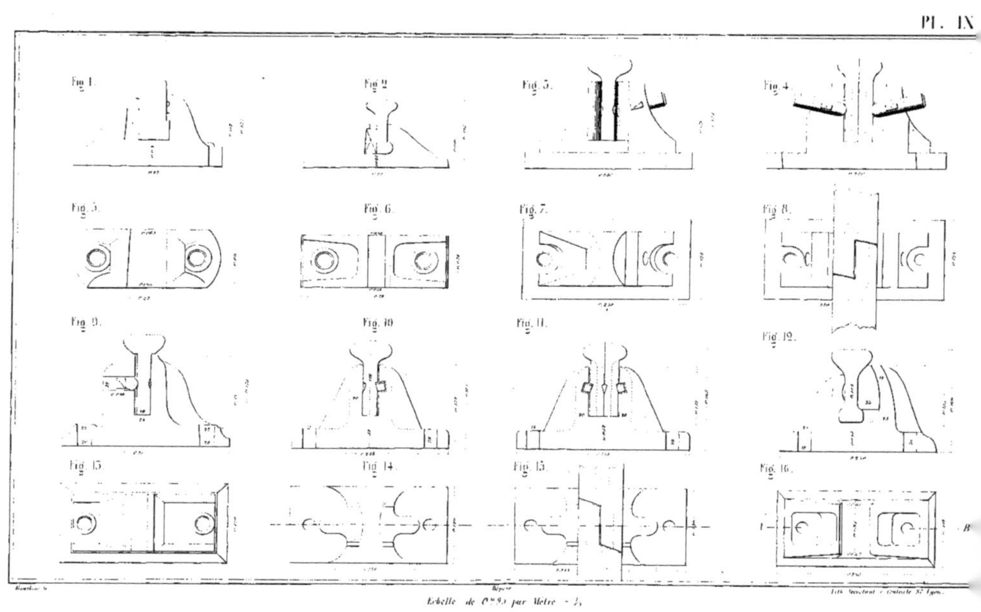

Fig. 1.
Fig. 2.
Fig. 3.
Fig. 4.
Fig. 5.
Fig. 6.
Fig. 7.
Fig. 8.
Fig. 9.
Fig. 10.
Fig. 11.
Fig. 12.
Fig. 13.
Fig. 14.
Fig. 15.
Fig. 16.
Echelle de 0.95 par Mètre

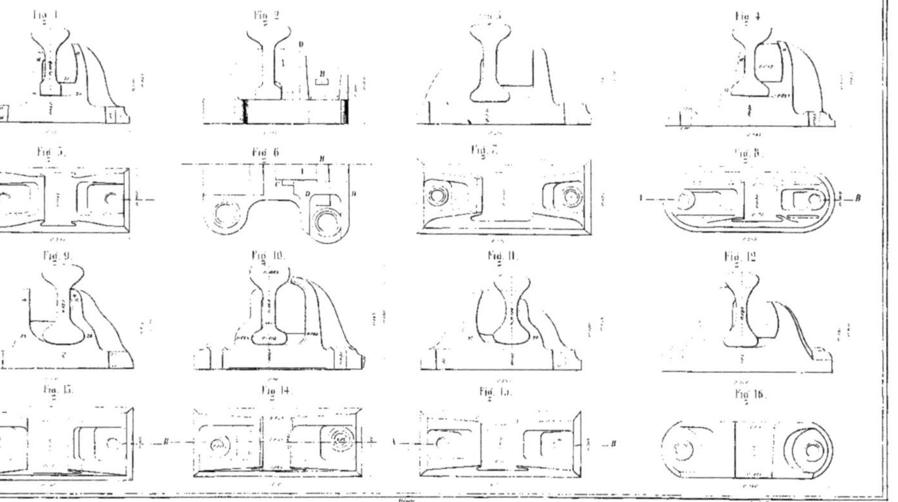

Échelle de 0.03 par mètre.

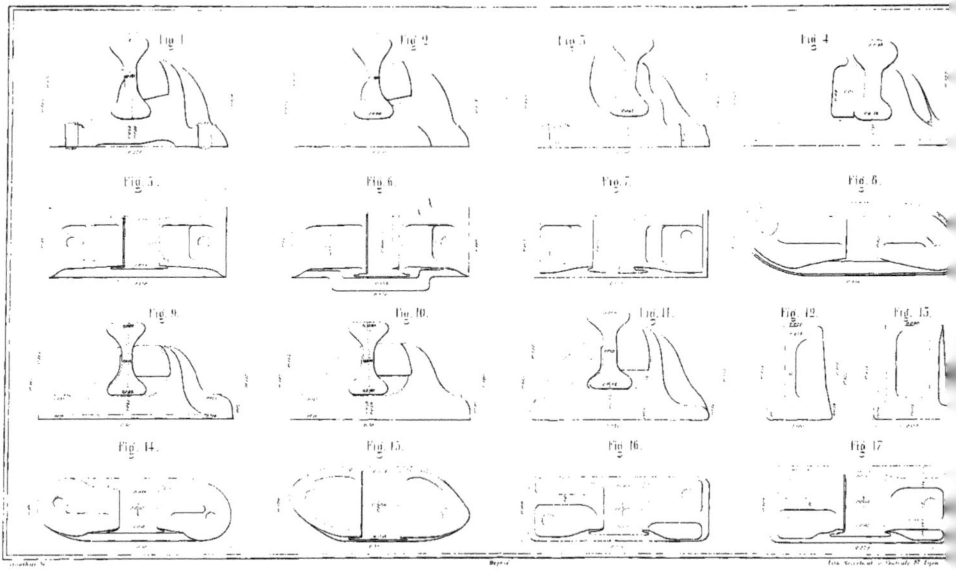

Fig. 1.   Fig. 2.   Fig. 3.   Fig. 4.

Fig. 5.   Fig. 6.   Fig. 7.   Fig. 8.

Fig. 9.   Fig. 10.   Fig. 11.   Fig. 12.   Fig. 13.

Fig. 14.   Fig. 15.   Fig. 16.   Fig. 17.

Echelle de 0,04 par mètre

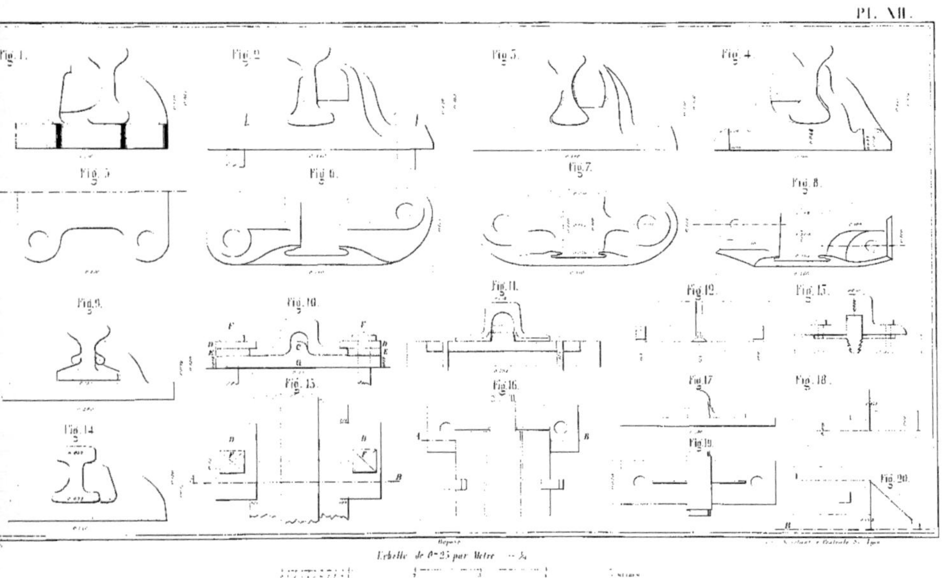

Échelle de 0^m25 par Mètre

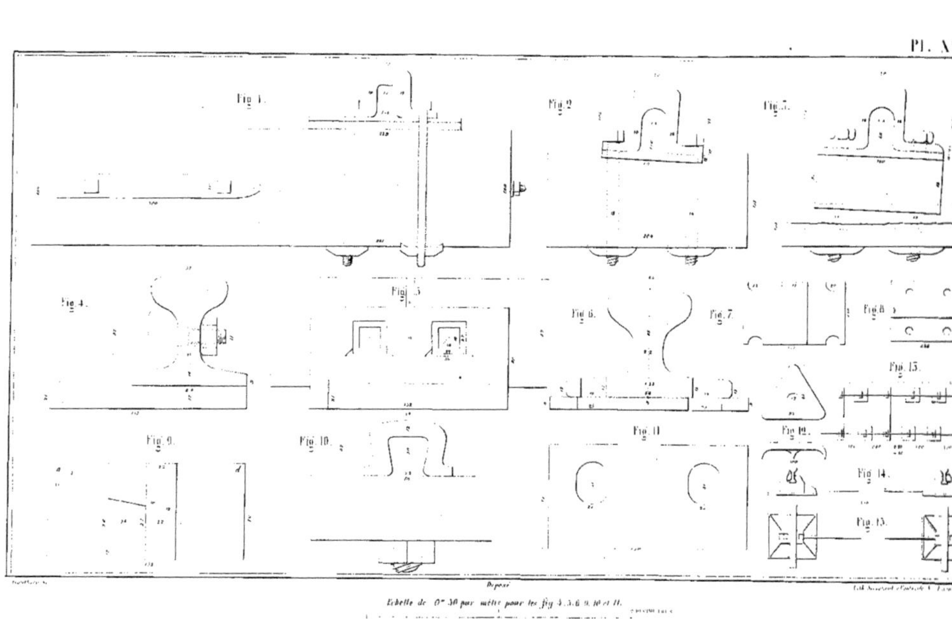

Fig. 1.
Fig. 2.
Fig. 3.
Fig. 4.
Fig. 5.
Fig. 6.
Fig. 7.
Fig. 8.
Fig. 9.
Fig. 10.
Fig. 11.
Fig. 12.
Fig. 13.
Fig. 14.
Fig. 15.
Dupont
Echelle de 0.50 par mètre pour les fig 4.5.6.9.10 et 11.
Echelle de 0.25 par mètre pour les fig 1.2.3.7 et 12.

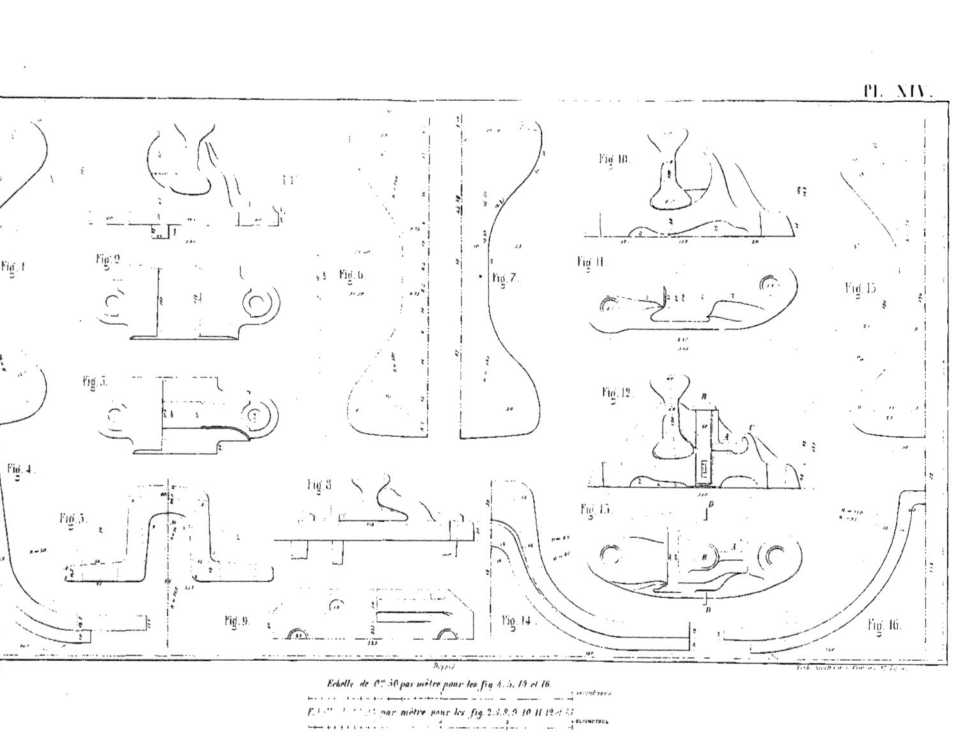

Echelle de 0.^m 30 par mètre pour les fig 4, 5, 14 et 16.

Échelle de par mètre pour les fig 2, 3, 8, 9, 10, 11, 12 et 13.

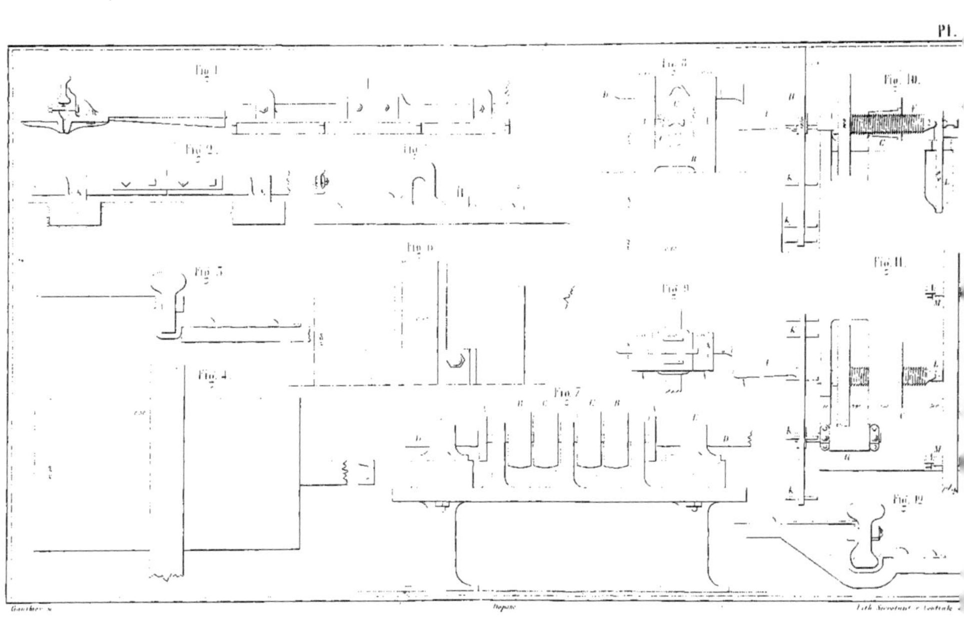

Contraste insuffisant

NF Z 43-120-14